Beautiful Life

Beautiful Life

清水洗臉，一生美肌

平田雅子

致台灣讀者

不分氣候、地域，「清水洗臉，一生美肌」

各位台灣的朋友大家好，我是平田雅子。

很高興聽到《清水洗臉，一生美肌》也要在台灣發行了。

雖然台灣和日本的氣候、習慣不太一樣，但保護肌膚的基本道理可是一樣的喔！我曾在二〇一二年七月時造訪台灣，那是我第一次到台灣，雖然只待了幾天，但每天都非常興奮，充飽電後滿載而歸，對台灣滿懷感激。不管到哪裡，每個人臉上都堆滿笑容，非常親切。東西也很好吃，水果和點心都不會太甜，味道都很高雅。我一定會再次造訪的。

對了，台灣的朋友們都怎麼樣洗臉呢？和日本相比起來，台灣的陽光不僅比較強烈，氣溫也更高，但我發現，即使是在戶外工作的人，似乎很少人有明顯斑點，好像也沒有皮膚乾燥的問題。

所以我猜想，應該是台灣的食物本身就祕藏著美容效果吧！或者，也可能是由於天氣炎熱，所以新陳代謝較快的原故。因為大量流汗時，皮膚會分泌天然保濕因子覆蓋作皮膚，所以大家可能會覺得平時皮膚上有著一道城牆保護吧！

但是，投射到地表的紫外線年年增多，愈來愈傷皮膚，加上髒空氣也會攻擊皮膚。所以就算防曬乳會被汗水沖掉，也要盡可能補擦防曬，徹底保護皮膚。就像每天都要刷牙一樣，也請養成每天保養皮膚的習慣吧！

此外，肌膚也是一面可以反映內臟現況的鏡子，胃腸狀況也會影響肌膚。所以，吃東西時請細細咀嚼，不要暴飲暴食，也是讓皮膚變好的重要習慣喔！

皮膚是個很大的袋子，保護著裝著珍貴靈魂的身體。所以洗臉時，請輕輕沖水，確實做好保濕及防曬，希望台灣女性都可擁有「一生美肌」。

平田雅子

CONTENTS

PART 1

「清水洗臉，一生美肌！」的真相

目次

PART 3
平田醫師的美肌親身體驗

前言

美肌最高原則在於「不要清潔過度」

擔任皮膚科醫師二十多年來，接觸過各種深受肌膚問題困擾的患者。我發現，很多患者都有一個共通問題，就是「清潔過度」。

忙碌了一整天，臉上不免堆積油垢、髒汙，有時還得畫上濃厚彩妝，為了有效清潔，習慣早、晚使用潔顏產品，並以溫水洗淨。但是，這麼做的後果，不僅會讓肌膚變得乾燥，還會削弱肌膚與生俱來的「保溼能力」，這才是造成各種肌膚問題的元凶。

很多人知道，像是過敏性皮膚炎，或是因季節交替產生的敏感不適等，都與「乾燥」有關，其中也包括了近來愈來愈多人會出現在臉頰、嘴角及脖子等處的「成人痘」。

甚至，即便自己沒有察覺，也可能因為肌膚乾燥而顯得沒有光澤、毛孔粗大，加深斑點及肌膚紋路，給人看起來比實際年齡更蒼老的印象。

「不知道為什麼，最近看起來又老又憔悴，可以推薦我有效的抗老產品嗎？」

「不管我擦什麼，肌膚還是很乾，難道我要買更貴的保養產品嗎？」

面對向我提出這樣需求的病患，通常我會直接給予他們一個明確且中肯的建議，就是「不要清潔過度」。

雖然現今醫美療程不斷推陳出新，但儘管如此，身為皮膚科醫生的我還是認為，沒有比「不要清潔過度」更好的美容方法了。

既然如此，首先就請放下你手中琳瑯滿目的潔顏產品，試著「只用清水洗臉」吧！不需額外花費多餘時間、金錢，就能讓你一生擁有健康美肌！

平田雅子

「只用清水洗臉」是什麼？

就是——
只用清水溫和潑洗的方法，
完全不需任何潔顏產品。

只要清水就能沖去附著在肌膚表層的髒汙，
不僅不會帶走原有水分，
還會讓肌膚變得更加水嫩、有彈性！

為什麼是「清水」？

我還一直以為是溫水……

溫水會帶走肌膚過多皮脂，導致缺水、乾燥！只要清水就能洗淨臉上髒汙。

由於溫水容易與皮脂結合，
連帶帶走保護肌膚的皮脂。
可見，溫度是影響肌膚老化的重要因素。

即使現在才開始
也能重新打造健康「美肌」嗎？

當然可以！

由於肌膚不斷在進行代謝更新，
所以不管從幾歲開始都不嫌晚。
就算是當成不要再增加斑點或皺紋也好，
從現在開始，就請用「清水洗臉」吧！
這麼做，也會讓妝更服貼喔！

要持續幾天

才能看到效果呢？

最快，隔天就能看見效果。最慢，一週就能明顯感受肌膚的改善！

一些「清潔過度」的人，開始只用清水洗臉後，通常隔天就能明顯感覺肌膚變得水嫩。「清水洗臉」的好處在於可立即感受成效，讓肌膚永遠保持在年輕、活力的狀態！

你的肌膚比實際年齡老嗎？
現在，就利用第１０２頁的「肌膚年齡檢測」
來測試你的「肌膚年齡」吧！

PART 1

「清水洗臉，一生美肌！」的真相

很多人都存有「非得徹底清潔，才能美肌」這樣的錯誤觀念！百貨專櫃上，也盡是標榜可以深層去除毛孔髒汙、代謝老廢角質的強效潔顏產品。在如此強敵環伺下，為何我會提倡「只用清水洗臉」呢？接下來，我們就從肌膚的基本構造開始說明。

1

總而言之，
大家都清潔過度了！
如果洗到咕溜咕溜的程度，
是會加速肌膚老化的！

日本人是世界公認愛乾淨的民族之一，所以就算早、晚洗臉也不會讓人覺得奇怪。一些有化妝習慣的人，也會在卸完妝後，再以潔顏產品清潔，做到「雙重洗臉」。廣告裡，也常大張旗鼓地以「徹底清潔你的毛孔髒汙」這樣的概念來作為商品訴求。

可惜，這些論述都不正確，而且是大錯特錯的觀念！**因為一旦清潔過度，不僅不會變美，還很容易引起各種肌膚問題。**

在正常狀態下，肌膚是被一層名為「皮脂膜」的油膜，以毫無空隙的方式緊密包覆，可以防止肌膚缺水、乾燥，屬於人體的天然防禦構造。所以，人體會不斷從毛孔分泌皮脂，遍布到肌膚的各個角落來保護肌膚。

但是像肥皂、洗面乳及熱水等，卻會帶走表面皮脂，使得肌膚完全裸露在外。一旦少了皮脂膜的保護，肌膚便很難抵抗外在環境的刺激，使得儲存在肌膚底層的保溼成分，也跟著蒸發、流失，加速皺紋的形成。

由此可見，「徹底清潔」對肌膚來說是種相當危險的行為。如果聽信廣告說詞，以為將潔顏產品搓揉出泡沫後，再洗至咕溜咕溜的程度才是對肌膚好的話，一定會替自己惹來更多問題。

所以，從現在開始，就請改成「只用清水洗臉」吧！不用擔心會有清潔不當的問題，**只靠清水也能將臉上髒汙沖洗乾淨的**。

當然，如果是臉上帶有粉妝或彩妝等油性物質的情況，仍須正確選擇並使用卸妝產品（詳細說明請見第七四頁），但沒有化妝的早晨，就請不要使用。

想要擁有健康肌膚，就請不要過度清潔肌膚上的皮脂膜。

潔顏產品是造成肌膚問題的一大原因！
辛辛苦苦搓出這麼多泡泡，但這麼努力的結果，
卻會像泡泡一樣，一點一點地消失……
NG
搓搓

2

肌膚是保護身體的「防禦袋」。

小心！

不斷摩擦可是會破掉的！

實際上，「皮膚」在人體臟器中占有相當重量，幾乎是體重的一成左右。其作用在於保護身體內部的脆弱器官，以免受傷。換句話說，人的身體是被一個名為「皮膚」的大袋子所包覆，以抵抗外在環境的變化與刺激。

此外，為了不讓這個重要的「防禦袋」（皮膚）受傷，人體還具備表面塗布功能。所謂「表面塗布」是指會從毛孔釋出皮脂（油分），再與汗腺釋出的汗（水分）混合成「皮脂膜」，結合成一層溼潤的膜於皮膚外表。而且，皮脂膜上還存有「常在菌」等各種菌類以保護肌膚。

所以，如果用力摩擦肌膚，或是使用具強力清潔效果的潔顏產品頻繁洗臉的話，會逐漸破壞，甚至穿透這層防護膜的。這對肌膚來說，是種很大的傷害。**記住！想要打造美麗肌膚，關鍵就在「不要摩擦」、「不要過度清潔」**。

3

肌膚是排泄器官。
即使都不理會，
表層髒汙也會自動脫落，
不需費力搓洗。

「如果不徹底清潔，髒汙就會囤積在毛孔裡，讓膚色變得暗沉、沒有光澤……」

「如果髒汙阻塞毛孔，會將毛孔撐大，讓肌膚變得粗糙……」

「如果不徹底卸除粉底及彩妝，肌膚會被染色……」

如果你有上述困擾，別擔心，因為以上全部都是錯誤的觀念。

試想，如果停留在肌膚表層的物質會被肌膚吸收的話，那麼洗澡時的水分，是不是也會被肌膚吸收，讓身體膨脹成好幾倍呢？

當然，現實中這種情況並未發生。

肌膚的防禦能力很強，可以有效阻擋外在環境物質，避免異物隨意入侵，其中也包括上述提到的水。同樣道理，粉底及彩妝也不會因為沒有徹底清潔而進入肌膚裡層。

所以，請拋開「徹底清潔」這種荒謬的想法，因為這麼做是不會對肌膚產生任何好處的。

此外，還有一件相當重要的事，但似乎還是有很多人不清楚，就是肌膚其實是「排泄器官」。

「角質層」位在肌膚最表層，每天會不斷進行角質細胞增生、老廢角質脫落這樣的代謝。所以，無論肌膚表層附著多少頑強髒汙，幾天後，也會變成垢而自動脫落。

換句話說，肌膚本身便具有自動代謝髒汙的能力，根本不需要耗費太多精力在徹底去除髒汙這件事情上。

不知道在你身旁，有沒有人曾經因為生病、開刀而幾天不能洗澡？如果有，你會發現這些人並不會因為沒有洗澡而出現什麼肌膚問題，反倒是每天用力搓洗、過度清潔的我們，才更要注意。

不用擔心，肌膚表層髒汙真的只要用「清水」就能洗乾淨了！

除了洗臉時不能用力搓洗外，
洗臉後也嚴禁用力擦拭。
否則，可是會前功盡棄的喔！
NG
擦擦

～什麼是「角質層」？～

防禦的城牆「角質層」的厚度僅僅0.02公釐！厚度幾乎等同一張保鮮膜

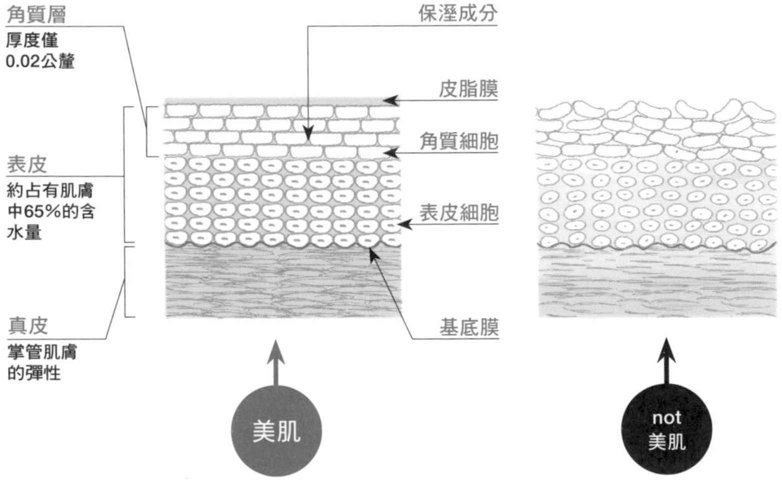

肌膚由外而內可分成表皮層、真皮層及皮下組織。其中，位於表皮層與真皮層的交界，有一層名為「基底膜」的構造會增生肌膚細胞。大約每隔28天，肌膚細胞就會被推至角質層，形成垢後自然脫落。上圖是健康的肌膚斷面圖，與因清潔過度，導致皮脂膜與保溼成分流失、防禦功能降低的肌膚斷面圖。

肌膚的重量，約占全身一成左右，但厚度卻非常地薄，大約只有二公釐。其中最外層的「角質層」，厚度更是只有〇．〇二公釐。由此可知，這層薄如保鮮膜的臟器，卻肩負著保護人體這樣的重責大任。

角質層就像是由磚塊堆砌而成的牆壁，其中的磚塊，就是扁平狀的「角質細胞」。在每個磚塊間，還會由類似水泥作用的保溼成分來填滿空隙。所謂「保溼成分」包含了胺基酸、玻尿酸等的「天然保溼因子ＮＭＦ」（Natural Moisturizing Facter），以及含有神經醯胺、脂肪酸等滋潤肌膚的「細胞間脂質」。

肌膚外側的厚度僅同一層保鮮膜！切勿「清潔過度」！

如果是健康的角質層（請見右頁左圖），其間的角質細胞與保溼成分會排列得相當緊密，構成一道堅固的防護，連一滴水都不會讓它通過。這就是為什麼我們洗澡時，水不會進到身體裡的原因。同時，這道堅固的防護層也會保護表皮細胞與真皮，以維持健全的肌膚功能。

而且，在角質層外側，還會有一層皮脂膜保護著角質層。萬一清潔過度，就會導致皮脂及保溼成分的流失，讓磚塊間出現空隙（請見右頁右圖），降低肌膚的防禦功能。所以，對肌膚來說最重要的事，就是「不要清潔過度」。

4

肌膚一旦受熱，就會老化。
所以我不建議用溫水洗臉。

從健康的角度來看，注意身體保暖、促進血液循環的確相當重要，所以像是悠閒泡澡，或是適度運動等，都是維持健康很好的方法。可是，這樣的道理並不適用在「肌膚」。

如同我們在前面第二五頁的說明，肌膚就像是包覆全身、抵抗外敵入侵的「防禦袋」，我們必須讓這個袋子維持在結構密實、沒有任何破綻或損傷的狀態，才是最理想的情況。

除此之外，肌膚本身也會自動分泌皮脂來包覆這個「防禦袋」，**一旦用溫水洗臉，就會導致皮脂流失，讓肌膚完全裸露在外，無法抵抗外在刺激，引發後續諸多問題。**

而且，皮脂膜還具有鎖住肌膚裡層保溼成分的作用，一旦因為受熱導致皮脂膜消失，就會加快保溼成分流失的速度。

現在請回想一下，你是否有過用熱水洗碗後，感覺手部變得粗糙，或是紅癢難耐的經驗呢？這就是原本用來保護肌膚的皮脂膜消失，讓肌膚直接受到洗碗精刺激，造成肌膚乾燥、防禦功能減弱的原故。

因此，為了保養肌膚，你所該做的是用「清水」洗臉，而非用溫水洗臉。水的溫度愈低，皮脂就愈不容易流失。所以，請用溫度比溫水更低的「清水」洗臉。

順帶一提，除了溫水之外，很多人還喜歡用「蒸氣」蒸臉。一般人會覺得待在充滿蒸氣的浴室，或是用蒸臉機和熱毛巾敷臉很舒服，也認為這麼做對肌膚很好。

可是仔細想想，「蒸氣」不也就是變成氣體的「熱水」嗎？當肌膚上的蒸氣蒸發時，也會悄悄帶走表層皮脂。像是洗完澡後覺得肌膚乾癢，甚至覺得比洗前更乾燥，也是因為熱水和蒸氣把皮脂帶走的原故。有關解決方法，將在第五七頁中詳細說明。

溫水、蒸臉器、熱毛巾……
雖然很舒服，但是會讓肌膚變得更加乾燥喔！
NG
好溫暖喔～

5

皮脂是——

預防肌膚老化的防護傘，

也是比任何高級化妝品

更具效果的天然乳霜。

人體的肌膚外層有「皮脂膜」包覆，是人體為了保護自己，從體內自動分泌出來的天然乳霜，也是由毛孔分泌的「皮脂」（油脂）及汗腺分泌的「汗」（水分）所組合而成。

但據我所知，很多人卻認為油脂是造成問題肌膚的元凶，或是讓臉上產生不適的來源而討厭皮脂，讓我覺得有些許遺憾。

擔任皮膚科醫師近二十年來，我治療過各種問題肌膚，從這些經驗中我得到一個相當重要的結論，就是自體分泌的皮脂是比任何高級化妝品都要來得適合自己肌膚的高機能天然乳霜。

舉例來說，你知道為什麼皮脂分泌不足的眼睛周圍和臉頰特別容易形成斑點、皺紋，但皮脂分泌旺盛的T字部位卻不會有這樣的困擾嗎？那正是因為這些部位的皮脂不足，所以容易損傷的原故。

難得有高級的「皮脂乳霜」，卻還把它洗掉實在是太可惜了。所以從現在開始，就請用清水洗臉，盡可能留下珍貴的皮脂吧！

6

皮脂裡，
有「好油脂」及「壞油脂」。
一旦清潔過度，
就會加速「壞油脂」的分泌。

很多女性不了解，為什麼生理期前，或是身體狀況不佳時，皮脂的分泌會特別旺盛，時常感到臉上油膩不適呢？

那是因為肌膚也是身體的臟器之一，會隨著身體狀況和荷爾蒙變化而有不同改變。

在這裡，我想提醒大家，「皮脂」是包覆在肌膚外層、守護我們的重要夥伴，如果一直抱持「皮脂是造成肌膚黏膩、各種問題來源」這種想法而過度清潔的話，反倒會讓肌膚原有的防禦力消失，導致更多問題產生。

我們都知道，腸道裡同時住著「好菌」及「壞菌」。肌膚也一樣，皮脂裡也住著許多細菌（常在菌），可以發揮良好機能，調節肌膚pH值（即酸鹼比例。健康肌膚為弱酸性），預防病原菌繁殖，讓皮脂維持在「好油脂」的狀態。可是，**一旦用潔顏產品將皮脂及**

好菌洗掉的話，要想再回到原本狀態，需要再花上一段很長的時間，而這也會造成常在菌的平衡失調。

舉例來說，很多人都知道青春痘的罪魁禍首是「痤瘡桿菌」（痤瘡菌），屬於「壞菌」的一種。可是，這種壞菌我們在即便不長青春痘的人的皮膚上，也找得到。

換句話說，「痤瘡桿菌」存在在每個人的肌膚裡。既然如此，為什麼有些人會因此長出惱人痘痘，有些人卻不會呢？

痤瘡桿菌之所以會異常增加到長出青春痘的程度，是因為對抗痤瘡桿菌的「好菌」數量不足的關係。一旦這個時候，就算再怎麼塗抹消退痤瘡桿菌的藥也是沒用的。

而且，在那些深受青春痘困擾的人中，絕大多數都是因為認為「痘痘非得徹底清潔不可」，才會過度洗去皮脂，破壞肌膚防禦機能，以致痘痘狀況愈來愈嚴重。

所以，不管是覺得皮膚黏膩的時候，或是長出惱人痘痘的時候，**都更應該用清水洗臉來避免「清潔過度」**。

萬一真的無法忍受臉上油膩，而想使用潔顏產品的話，也請只針對T字部位清洗。並且洗完臉後，一定要擦上乳液或乳霜來補充流失的保溼成分。

肌膚油黏時，更不能清潔過度！
必須溫和洗臉，做好足夠保溼！
Cream

column

美肌構造圖②

～「皮脂膜」是什麼？～

肌膚是被皮脂與汗組成的
天然自體乳液
「皮脂膜」
所保護

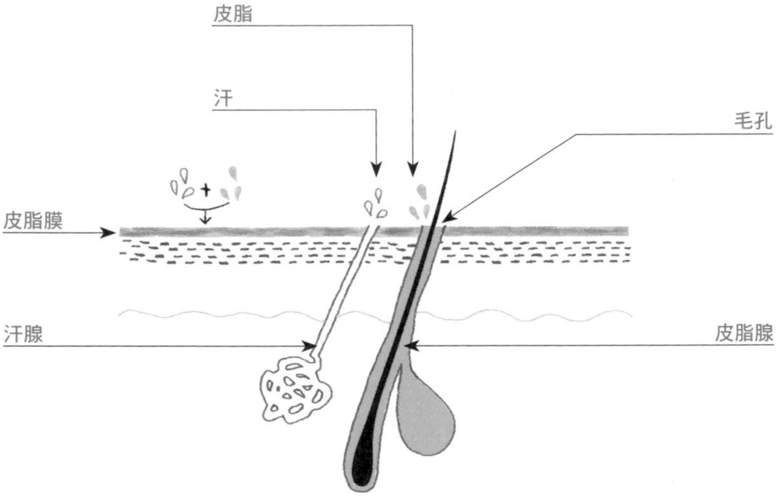

皮脂由「皮脂腺」分泌；汗水由「汗腺」分泌，兩者相互混合，會在肌膚表面形成一層保護膜，以免受到外在環境的刺激。

所謂「皮脂膜」是指包覆在肌膚表層的油脂膜，它是混合毛孔分泌的皮脂（油脂）以及汗腺分泌的汗（水分）而成的物質，可說是最適合人體的「天然乳霜」。不僅可以鎖住體內保溼成分，還能保護肌膚免受外在刺激。這樣的好處，是無論多高級的保養品都無法比擬的。

所以，如果一感到肌膚「黏膩」就急著想把皮脂洗掉的話，是很可惜的，因為這其實是保護肌膚的「好油脂」。從今天開始，就調整自己的清潔觀念吧！

皮脂＋汗＝天然乳霜。
全部洗掉的話，相當可惜！

順帶一提，皮脂和汗都是從體內分泌出來的東西，所以好壞會根據身體狀況、生理週期、飲食等而有微妙變化。

比方說，飲食太過油膩，皮脂自然偏油，雜菌也會較多；壓力過大，或排泄不順時，汗味也會較重。

一旦皮脂狀況不好，常在菌的平衡就會失調，此時更應當禁用潔顏產品洗臉，否則會將皮脂及好菌全部洗掉。記住，只要以清水洗臉，把不必要的黏膩物質溫和沖去即可。

7

臉上顆粒狀的小突起物
並非油脂造成。
其實，「排汗不完全」
才是真正的元凶！

早春到初夏時節，身體很容易長出痱子，或是在下眼皮及臉頰的地方，長出一顆顆白色異物。其實，這些問題的根源，都是因為「排汗不完全」的原故。

汗水是透過汗腺分泌，可是汗腺在寒冷的冬天裡會收縮起來，所以我們很少在冬天排汗，導致整季的髒汙全都累積在汗腺裡。

雖說冬去春來，天氣漸暖，身體會開始流汗，可是那些累積在汗腺裡的髒汙就像瓶塞一樣，會讓汗水無法正常排出，因而發炎，長痱子。而我們看到的一顆顆白色突起物，其實是汗腺組織過度增生造成的「汗管瘤」，好發在肌膚代謝能力降低的三十五歲之後。

為了避免這種情況發生，我們一定要養成健康的生活習慣。比方說，生活中保持運動、泡澡的習慣，讓汗可以適度排出。如果一直過著不健康的生活，像是長時間待在冷氣房、運動量不足、洗澡只用淋浴的話，可是會加速汗腺老化的。

8

不能再用少女的保養方式護膚了！一旦過了三十歲，就請加強保溼！

從我的看診經驗中發現，多數女性一旦過了三十歲，就會變成滋潤度不足的乾性肌膚，即便是那些T字部位容易出油的人，也不會有人全身都是油性肌膚。

可是，他們卻還是維持和年輕時一樣的保養方式。

其實，不管每個人天生肌膚狀況如何，皮脂的分泌量和肌膚的保溼能力都會隨著年齡增長而降低。就算是皮脂分泌旺盛、一洗完臉就馬上出油的人，也會隨著年紀增長而逐漸變得乾燥，必須花費很多時間才能補回被洗去的保溼成分。

順帶一提，幾乎所有的成人痘，都是因為乾燥導致肌膚防禦機能降低所引起，這時如果還想像年輕時一樣，只靠洗臉來讓臉部清爽的話，只會讓情況更加惡化。

如果油性肌膚的人想讓肌膚變得清爽，就請隨時加強保溼。

9

不管和哪種高級美容液相比，防曬乳都是對抗老化最有效的產品。

健康肌膚具有強固的防禦能力，不會讓任何一滴水，輕易滲到肌膚裡層。所以，即便是從外側不斷供給保溼成分，也不會滲透到表皮細胞或真皮層，頂多只會滲透到最外側的角質層。

相較之下，紫外線具有相當強烈的穿透力，不僅會穿過玻璃窗，到達肌膚的真皮層，傷害肌膚組織，還會傷害肌膚細胞增生時所需的DNA，破壞膠原蛋白等彈力組織。紫外線除了是造成老化的元凶外，也是引發皮膚癌的主要原因。

因此，如果想由外而內徹底守護肌膚，最有效的方法，就是「預防紫外線」。即使在雨天，紫外線的含量也有晴天時的十分之一，所以「防曬」工作千萬不可偷懶，不管是晴天或陰天，居家或外出，一定都要擦上防曬，並且每隔一段時間，補充防曬。使用時，我會建議選擇SPF30、PA++以上的防曬產品。

10

只用化妝水，是無法做好肌膚保溼的！

洗完臉後，一般人會在臉上擦化妝水。由於這時水分會滲透到肌膚表層，所以感覺肌膚變得滋潤。但如果只有做到這樣，一旦水分蒸發，也會一併帶走皮脂，讓肌膚更顯乾燥。儘管選擇質地濃稠的化妝水，但其主要成分還是「水」，保溼效果仍嫌不足。

其實，在保溼的過程裡，「油分」非常重要。**當你擦完化妝水後，一定要再補充以油分為主的乳液或乳霜。**如果覺得麻煩，不想擦那麼多東西，只想選種一種產品使用的話，可以省略化妝水，只選擇乳液或乳霜中的一種即可。

順帶一提，使用面膜時，務必要留意面膜停留在臉上的時間。不管是用含化妝水的紙纖面膜，還是用含美容成分的不織布面膜，如果一直敷著沒有撕下，那麼乾掉的面膜會將肌膚裡的水分及油分吸走，讓肌膚變得更加乾燥，造成反效果。

11

保養品不用講求瓶瓶罐罐！想要保溼，只要一瓶乳霜就夠！

市面上標榜可以供給肌膚養分的保養品項很多，從化妝水到美容液、乳液、乳霜、眼霜等，琳瑯滿目。如果不嫌麻煩，願意一瓶一瓶仔細擦拭的人，那麼不管用什麼都沒關係；但如果覺得一瓶一瓶擦拭麻煩，想要簡化保養步驟的人，**我建議只要選擇一瓶含有油分的乳霜或乳液就足以保溼。**

而且更重要的是，不要拘泥在廣告中「只需在手心擠上珍珠般大小分量」的說詞，而只擦固定分量，必須依照肌膚當下狀況，擦上足夠的量，讓手觸摸肌膚時，可以感到光滑、柔潤、有彈性的程度，才算是做到保溼。

如果擦完全臉後，覺得還是不夠的話，就再擦一次。尤其是特別容易乾燥的眼睛周圍，千萬不可忽略。不用擔心，如果還是覺得乾燥的話，只要再多擦幾次就可以了。**此外，就算白天有上妝也沒關係，一定要勤於補擦乳霜，以免肌膚缺水、乾燥。**

column

選擇保養品

~該準備哪些產品呢?~

只需準備這三項 卸妝產品 保溼乳霜 防曬產品 就好!

只要有了這些,就能「一生美肌」

卸妝產品

只要選擇用水洗後,沒有油膩不適的產品即可,不管哪種形式都沒關係。

防曬產品

必須選擇含有保溼成分的防曬乳或防曬霜。而且,UV效果要SPF30、PA++以上才足夠。

保溼乳霜

想要保溼,就要使用乳液或乳霜。如果想提高保溼力,我會建議選擇乳霜。

從肌膚的構造來看，美肌只要三瓶就夠

健康肌膚具備堅強的防禦能力，可以防止外物入侵，即便是一滴水，也無法輕易滲透到肌膚裡層。

因此，保養肌膚時，必須注意下列三點事項：

①不要清潔過度，鞏固防禦屏障。

②做好保溼，以滋潤防禦屏障。

③徹底防曬，預防紫外線傷害。

前述①，為了不要過度清潔，請力行「只用清水洗臉」。

此外，也請避免卸妝後的雙重洗臉。無論選擇何種卸妝產品都沒問題，重點在於不要使用卸妝後會感覺油膩不適的產品，因為這會讓你忍不住用力搓洗，或是想用潔顏產品來洗去油膩感。

前述②，如同第五三頁所述，只需一瓶乳液或乳霜就已足夠。

前述③，為了徹底防曬，我建議可以選擇一瓶兼具保溼及防曬效果的防曬乳，放在包包裡，不僅可以隨時隨地補充防曬，還能做好保溼，是一石二鳥的做法。

近來市面上也推出類似粉底液，兼具潤色、飾底功能的新品，不妨多試幾種後，再選出最適合自己的產品。

12

其實，洗完澡後的肌膚
比洗澡前更乾燥……
所以洗澡後，請立即保溼！

別以為待在充滿熱氣的浴室裡，肌膚就會變得水潤、有彈性。事實正好相反！**浴室是讓肌膚缺水、乾燥的危險場所**。

一旦整間浴室充滿熱蒸氣，不僅水分蒸發的同時會帶走肌膚水分，也會一併帶走皮脂，讓肌膚變得更加乾燥。同理，也請避免以熱毛巾敷臉。

再者，由於油脂遇熱會融解，如果長時間與熱水接觸，皮脂會不斷流失，而這也就是為什麼洗完澡後，會覺得肌膚乾癢的原因。所以，不管是臉部或是身體，一旦洗完澡後，就要趕緊擦拭乳液，做好保溼。

順帶一提，洗頭時的熱水，也會將臉部皮脂一併帶走。**所以我會建議洗完澡後再卸妝**。但如果真不習慣這樣的程序，還是堅持卸完妝後再洗澡的話，也請先擦上乳液再洗。

13

嘴唇乾燥是身體脫水的警訊！此時肌膚已處在沙漠狀態。

人體的水分占了百分之七十，而皮膚就是包覆水分的「防禦袋」，透過由外而內的皮質層、表皮層、真皮層著實包覆，不讓任何一滴水從皮膚滲出。

嘴唇的角質層非常薄，幾乎只是一層膜而已，就像是完全裸露在外的身體內部器官。**所以，只要嘴唇乾燥，就是身體內部脫水的證據，代表此時肌膚也和嘴唇一樣缺水，必須趕快加強保溼。**

此外，很多人不知道的是，其實呼吸也會造成體內水分的流失，所以白天時間約每隔三十分鐘就要喝一次水來補充水分。特別是喝完酒後，更要大量水分來分解酒精，必須喝下比平常更多量的水。

另一方面，腳部抽筋也是水分不足的警訊，這時請補充大量的水，或適量運動飲料。

14

為了預防肌膚老化，飲食非常重要。你有攝取足夠的蛋白質嗎？

人體裡有許多器官，而作為「防禦袋」的皮膚也是器官之一，不僅可以抵擋外在刺激，還可以防止體內水分的流失。

肌膚本身沒有吸收物質的能力，一些塗抹或擦拭在肌膚表層的保養品，頂多只能滲透到表面的角質層，不會吸收至深層。

所以，一般的肌膚保養，最多只能做到「守護」肌膚原有的防禦功能而已。

換句話說，想要「製造」美肌，不能一昧地光靠表面塗抹，最重要的，是必須從體內加以改善，而這就必須藉助「飲食」了。

試想，如果沒有每天從飲食中均衡攝取營養，又該如何提高血液循環？一旦血液循環不順，養分及氧氣自然無法送抵身體各部。這種情況下，不管再怎麼費心塗抹，肌膚還是會從體內開始老化。

肌膚的主要成分是蛋白質，而維持肌膚彈性與潤澤的膠原蛋白也是蛋白質之一，但如果想將這些成分轉換成肌膚組織、使之正常運作的話，就要靠維他命、礦物質等微量營養素。

所以，為了製造美肌，必須積極攝取蛋白質含量豐富的蛋、魚、肉、豆類，以及富含微量營養素的黃綠葉蔬菜。

此外，為了讓攝取的養分能經由充分吸收後再送到肌膚，還必須保持腸胃健康，才能讓全身循環順暢。冰冷的食物會增加腸胃負擔，所以盡可能不要讓身體變冷。

早期人們雖然沒有經過特意學習，卻也知道這樣的飲食原則，所以吃套餐時，很自然地會在主食前，先喝熱湯；喝啤酒前，會先吃點東西暖胃。

另一方面，肌膚也是保護體內臟器的城牆，一旦狀況不佳，肌膚就會出面幫忙。比方說，如果因為便祕導致體內堆積老廢物質時，就會以痘痘的形式從肌膚排出。

所以，想要擁有健康、美麗的肌膚，就必須從調整體內做起。

我看過各種有著肌膚困擾的人，發現只要腸胃健康，問題就能獲得改善，無論男女老少，都能讓肌膚充滿彈性，對抗一些輕微的乾燥與刺激。

想要一生擁有美肌，不能只注重表面保養，體內保養更是奠定「美肌」的重要基礎。

盡可能做到每天攝取
蛋白質及黃綠色蔬菜！
別忘了也要攝取
有助清腸的食物纖維喔！

美肌十惡

多一惡就老一歲!? 絕對要避免——

NG

想要擁有「一生美肌」，
從現在開始，
請戒除下列十項惡行，
改掉生活中的不好習慣吧！

一 雙重洗臉

清潔過度是造成肌膚過敏和問題肌膚的元凶。使用卸妝產品的同時，也會一併帶走臉上髒汙，所以不需再用潔顏產品雙重洗臉。

二 摩擦

肌膚經過摩擦，外層皮脂也會跟著流失，使肌膚呈現在裸露狀態，失去保護屏障，這麼一來，不僅會加速乾燥，也容易引起問題，所以絕對禁止用力搓洗、摩擦肌膚。

三 受熱

肌膚外層的皮脂可以保護肌膚免受外界刺激及傷害，可是一旦受熱，就會融化、流失。而早晚用溫水洗臉是加速肌膚老化的行為，所以請務必改用清水洗臉。

四 素肌度日

所謂「素肌」是指洗完臉後不擦任何保養品的肌膚，很容易直接遭受乾燥及紫外線的傷害。所以就算不上妝，早上洗完臉後，也請立刻進行保溼及防曬。

五 乾燥

乾燥會降低肌膚防禦機能，引發代謝紊亂，導致皺紋生成及臉部暗沉，是所有問題肌膚的元凶。而且，一旦肌膚紋理紊亂，也會使得斑點看起來更黑。

六 日曬

紫外線會對肌膚造成嚴重傷害，除了形成表面斑點外，還會穿透肌膚，抵達深層，傷害DNA，破壞膠原蛋白，加速老化。因此，即便雨天或室內，都應徹底做好防曬。

七 睡眠不足

肌膚會在人們睡覺時自動進行修復，一旦長期睡眠不足，不僅會降低代謝能力，還會影響防禦功能。所以睡眠不足時，一定要在隔天補回來，並在二至三天內調回原來作息。

八 受寒

體寒是萬病根源，只要身體一冷，就會降低肌膚細胞的成長及修復速度，所以最好養成運動及泡澡的習慣。可以維持體溫偏冷的地方，只有臉部表面而已！

九 便祕

肌膚就像一面映照內臟健康狀況的鏡子。一旦腸內堆積廢物，肌膚就會暗沉、長青春痘。所以，一定要攝取食物纖維及水分，活化腸道。適度運動及泡澡也有助改善。

十 菸

菸不只會讓肌膚暗沉、鬆弛，也會讓毛孔粗大，缺乏彈性，加速老化。無論再怎麼努力保養，只要一根菸就前功盡棄了。

Water only
Good skin

PART2

一生美肌的保養方法〔實踐篇〕

想要擁有一生美肌，所需做的，就只有用「清水洗臉」而已。作法相當簡單，甚至會讓人不禁質疑「這樣就可以了嗎？」。本篇中，我們將詳細說明具體的保養順序及所需用品。同時，也會針對一般人常見的化妝及美容方面疑問，進行解答。

擁有一生美肌的

捨棄潔顏產品

用清水洗臉

- 不用潔顏產品洗臉。
- 不用溫水，只以「清水」洗臉。
- 不摩擦、不按摩。

不進行雙重洗臉

卸妝

- 選擇自己喜歡的卸妝產品即可。
- 擦拭或水洗的卸妝產品皆可。但切忌摩擦，只要輕柔帶過即可。
- 不進行雙重洗臉。

大原則

想要有美肌，所需做的就只有「用清水洗臉」、「卸妝」、「保溼」、「防曬」而已。只要掌握「不要過度清潔」、「補充水分」、「避免紫外線傷害」這些大原則，不管是誰都能擁有一生美肌。現在，就請將這些大原則深深記在腦中吧！

保溼

全天候24小時

- 一天中，別讓乾燥有機可趁。
- 化妝水＋乳液（或乳霜）是基本。如果只想選擇一項使用的話，只用乳霜也可以。
- 首先，將乳液（或乳霜）在手心推開。
- 接著，輕輕按壓在肌膚上。
- 特別乾燥的部位，請重複多次按壓。

防曬

全年無休

- 防曬必須全年無休，即使雨天也要隨時補擦防曬乳。
- 不出門也要擦防曬乳。
- 起床後要立即擦防曬乳。
- 至少中午時要補擦一次防曬乳。

早

早晨只要

3step

就OK！

只用清水洗臉

早晨起床後，不需使用潔顏產品，只要以清水就能洗去臉上髒汙。方法很簡單，首先用雙手盛滿清水，接著再輕輕往臉上潑洗即可。切記，這時絕對不要摩擦肌膚。如果肌膚乾燥，就不要洗臉，直接以沾滿化妝水的化妝棉，輕輕擦拭即可。

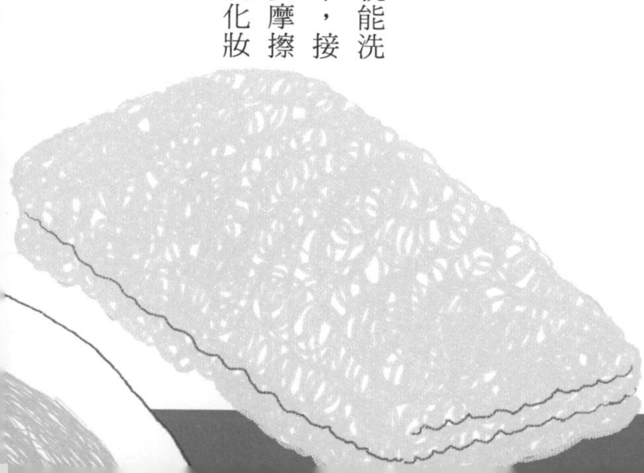

保溼

洗臉後，一定要趁表面水分尚未蒸發前，立即補充水分。但如果只有擦化妝水的話，很快就會蒸發，讓肌膚變得更加乾燥，所以一定要再擦上含油分的乳液或乳霜等，才算完成保溼。擦拭時，千萬不要摩擦肌膚，必須利用手心溫度推開乳霜，再以類似蓋印章的方式，輕輕按壓在臉上。特別乾燥的部位，請多次按壓。

防曬

不管冬天、雨天，還是不上妝的日子，都要擦上防曬產品來守護肌膚。購買時，我會建議選擇SPA30、PA++以上，且具有保溼效果的防曬霜或防曬乳。小心！除了臉部之外，耳朵及頸部也別忘了擦喔！

白天

保溼&防曬不可間斷！

即使上妝也要持續保溼

儘管早晨保溼工作做得再充足，但肌膚中的水分還是會慢慢蒸發到空氣中。所以，只要有機會站到鏡子前，務必隨時補擦乳液或乳霜，以維持肌膚的滋潤度。尤其眼周、嘴角等容易乾燥的部位，即使已經上妝，還

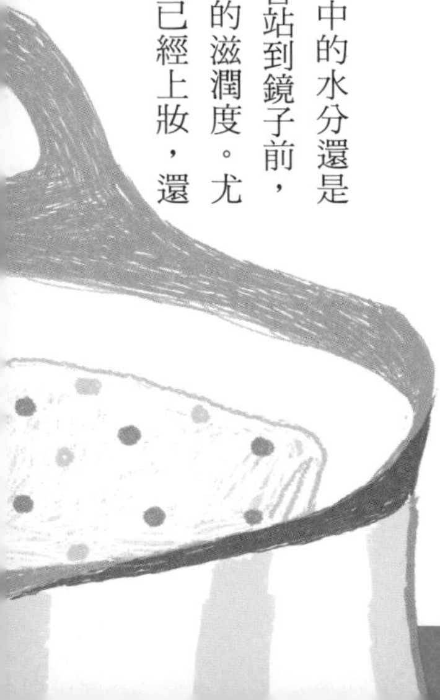

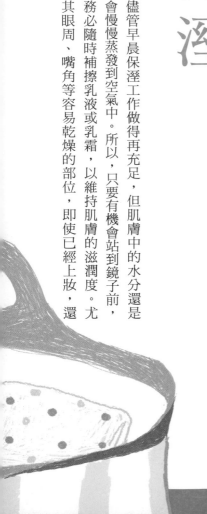

是要隨時補擦。方法同樣是先將乳液或乳霜放在手心，利用掌心溫度推開後，再以指腹沾取，一點一點放到臉上，就能避免脫妝。

每隔三小時 補擦一次 防曬產品

防曬乳會隨著時間，連同汗水一起流失，所以最理想方法，是每隔三小時補擦一次。如果無法做到規律補擦，至少中午前也要補擦一次。假如你是乾性肌膚，建議可選擇兼具防曬及保溼效果的防曬乳或防曬霜。

晚

夜晚只需

2step

就完成！

卸妝

無論購買何種廠牌、何種形式的卸妝產品都可以，但請選擇使用後不會有黏膩感殘留的產品。同時，請避免摩擦肌膚，只要以輕輕撫摸的方式，將臉上彩妝融解，再以清水沖淨即可，不需雙重洗臉。

保溼

卸妝後，趁著臉上水分尚未蒸發前，就要立刻進行保溼。如同早晨的保溼步驟一樣，必須以按壓方式補充乳液或乳霜等含有油分的產品，才算完成保溼。

如果離睡覺前還有一段時間的話，為了不讓肌膚乾燥，仍需視肌膚狀況補擦乳液或乳霜。總而言之，一整天都不要讓乾燥有機可趁，就是「一生美肌」的重點。

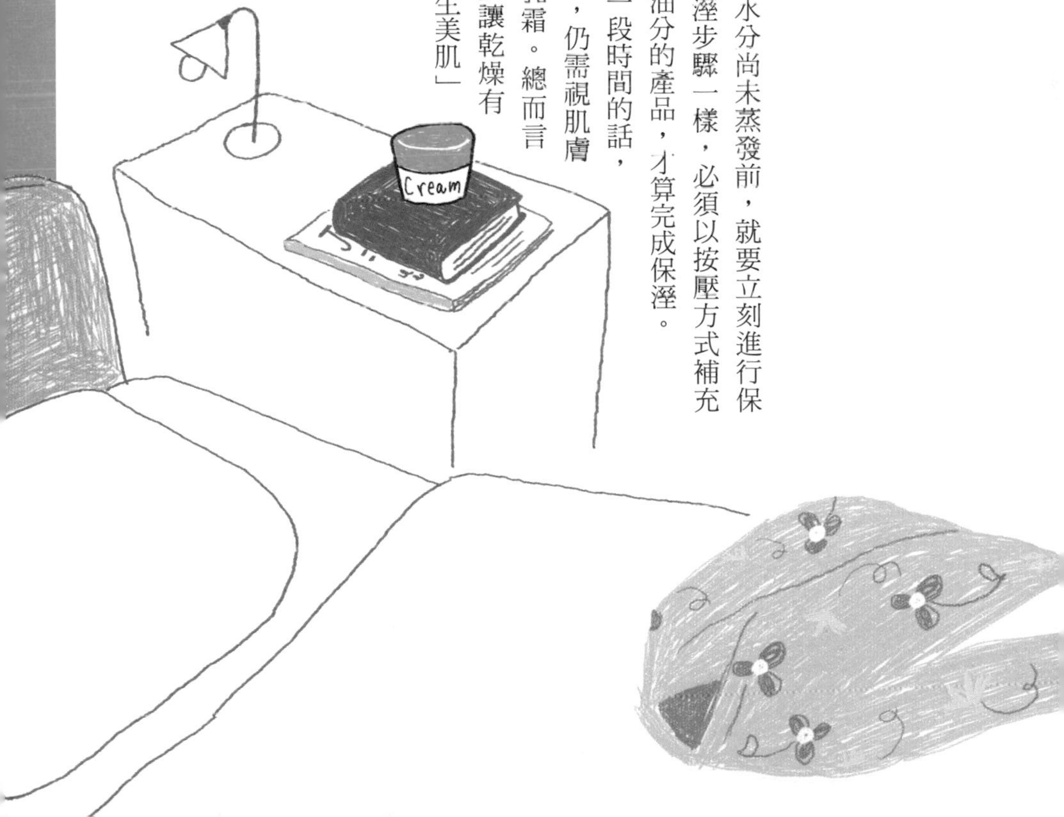

清水洗臉，一生美肌！

美肌保養 A&Q

「清水洗臉」的方法雖然簡單，但執行過程中，難免會遇到一些疑惑。接下來，我們將一些常見問題整理如下，為您詳細解答。

Q 冬天也要用清水洗臉嗎？

A 盡可能用溫度偏低的清水洗臉。可以「夏天時觸碰冷水的感覺」為標準。

原則上，水的溫度愈高，肌膚表層的皮脂就愈容易流失。所以洗臉時，千萬不要用溫水，而要用冷水。可是要大家在寒冷的冬天用偏冷的水洗臉，恐怕會讓很多人放棄。所以建議可以夏天時觸碰冷水的感覺為標準，這是比較合適的溫度。如果感覺「微溫」，就表示溫度已經偏高了。

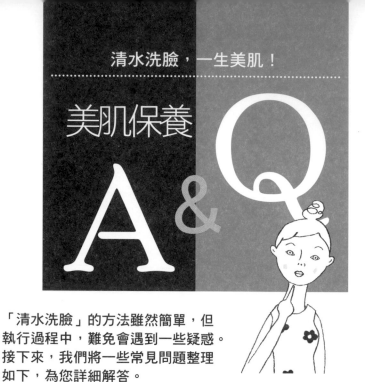

Q

如果還是想用潔顏產品洗臉的話，怎麼辦……

A

針對臉上T字部位，可以用潔顏產品清洗。

過去習慣以某種方式清潔，現在突然要改變，難免會有些抗拒。而且，女性在生理期來臨前，的確比較容易出油，這時也會想用潔顏產品來清潔。本書並非否定潔顏產品的功效，而是必須根據肌膚當下狀況，決定是否有使用必要，以及該如何使用。千萬不可「清潔過度」！而且一旦超過三十歲，臉頰、眼周特別容易乾燥，只需針對T字部位即可。

Q

每次卸完妝後，臉上都會殘留黏膩的不適感，這時就會忍不住想雙重洗臉……

A

請換成使用後不會有黏膩感殘留的卸妝產品。

常有很多病患問我：「為什麼使用卸妝產品後，臉部會特別乾燥呢？」其實，這不是卸妝產品的問題，而是清潔方式錯誤的原故。可能是用了有黏膩感的產品，忍不住想雙重洗臉，才會導致清潔過度。所以，請換成不會有黏膩感殘留的卸妝產品吧！

Q

可以用化妝棉卸妝嗎？

A

可以。但請記得不要摩擦、拉扯肌膚喔！

不管選擇哪種形式的卸妝產品都OK，但記得使用時，千萬不要摩擦肌膚。特別是使用化妝棉時，一不小心，就會用力摩擦、拉扯。如果真要使用的話，請輕輕帶過即可。

Q

雖說要避免摩擦，但近來推出的睫毛膏，只有「輕輕擦」是卸不掉的！

A

可先以飽含卸妝油的化妝棉包敷，待融解後再卸除。

睫毛膏再難卸除，也絕對禁止用力摩擦。建議可先用沾滿卸妝油的化妝棉，包覆上下睫毛三十秒，這時睫毛膏就會自然浮起，再輕輕滑動手中化妝棉，就會順利脫落。而且，如果非得用熱水才能卸除超防水睫毛膏的話，那麼靠著洗頭時流到臉上的熱水，自然也就卸得差不多了。

Q 感覺肌膚粗糙時，可以使用去角質產品嗎？

A 不建議。如果真的很在意，請只針對T字部位去除。

去角質產品在使用過程，會因為摩擦，讓肌膚變得乾燥，所以不建議使用。但如果你是油性肌膚，想讓肌膚清爽的話，可以只針對T字部位去除。但解決肌膚粗糙問題最有效的方法還是保溼，只要角質層充滿水分，代謝就會正常，自然不會囤積多餘老廢角質。

Q 可以天天為肌膚按摩嗎？

A 偶爾按摩可以，但如果是自己天天按的話，建議不要。

不管是以手按摩，或是用按摩工具按摩，只要方向正確、力道適中，的確可以促進血液循環，幫助老廢物質排出。但如果是自己按摩，很可能因為手法錯誤，反倒給予肌膚不當摩擦，造成反效果。所以，如果真要按摩，還是建議到美容中心，交由專業美容師來協助會比較安心。

Q 除了臉部之外，身體也是用清水洗就可以了嗎？

A 身體的話，請用大約三十八度的溫水清洗。

如果就肌膚狀況而論，能以清水洗澡是最好的。但長期下來，或許並不容易。所以，只要盡可能以偏低的水溫清洗就可以了。除了水溫之外，也不要忽略洗澡的方式。記住，千萬不要以毛巾用力擦洗，一般的泡澡或淋浴，就足以沖掉身上大致汙垢，唯有腋下和腳部需要用到肥皂而已。

Q 如果使用一些標榜高機能保溼的化妝水，是否就能省略擦拭乳液的步驟？

A 不可以。還是要以乳液或乳霜來補充油分。

化妝水的主要成分是水，即便是高機能保溼的化妝水也不例外。滋潤肌膚不可缺少的是油分，所以擦完化妝水後，一定要再補充乳液或乳霜。如果真要選擇一種來用，那麼省略化妝水，只用乳液或乳霜也可以。

Q

如果肌膚真的連一滴水都透不進的話，那麼擦化妝水還有意義嗎？

A

有的。因為化妝水可以滲透表皮，讓肌膚紋理細緻，提升防禦力。

擦拭在肌膚表面的化妝水雖然不會滲透到肌膚深層，卻可以滲透到肌膚表層，讓紋理更為細緻，提升防禦力。一旦「只用清水洗臉」，讓肌膚本身條件變好的話，不只是美容液，任何保養品都能比較容易滲透，妝容也會更服貼、更美。

Q

擦粉底時，免不了一定會摩擦，怎麼辦？

A

粉底不是靠摩擦，而是要一點一點、一層一層「放」上去。

如果是用粉撲來擦粉底，滑動的過程，一定會摩擦肌膚。所以，如果想要擁有一生美肌，就不要覺得麻煩，請用類似蓋章的方式，一點一點、一層一層地「放」上去。雖然可能會多花點時間，但妝容會均勻、服貼地分布在臉上。

Q

「只用清水洗臉」可以讓已經出現的黑斑消失嗎？

A

可以讓黑斑變得不明顯，讓它不再繼續加深。

「清水洗臉」的主要目的不在清除黑斑，而在提升肌膚本身的防禦力，讓黑斑不易生成，防止它繼續加深。而且，也會讓肌膚紋理變得更加細緻、透亮。甚至已經生成的黑斑，也會愈來愈不明顯。

Q

真的「只用清水洗臉」就可以了嗎？

A

是的。只要清水就足以讓臉上汙垢脫落！

清水不但能洗去臉上髒汙，更重要的是，還能讓肌膚狀況變好。對年過三十的女性而言，用清水洗臉就已足夠。但如果真很在意臉上的油膩不適，也可將洗面乳搓揉至起泡後，只針對T字部位清潔。

平田醫師的美肌親身體驗

推崇「只用清水洗臉」的理由&每日的美肌習慣

PART 3

小時候，我的肌膚很容易乾燥，而且只要一曬太陽就會過敏；可是現在，為什麼我可以傳授各位女性美肌保養的方法呢？其實，這是有原因的！本篇開始，我會從皮膚科醫生的專業角度，向大家清楚說明「清水洗臉，一生美肌」的真正理由。此外，也會和大家分享我的生活飲食，以及保養祕方。

為何我會這麼推崇「只用清水洗臉」？

小時候在學校，老師經常會問：「大家今天有沒有洗臉呢？」給人一種「沒洗臉是不好習慣」的印象。而在家呢，我的母親總是將臉洗得非常仔細。她會把毛巾放進裝滿熱水的臉盆裡，溶入肥皂後，仔細搓揉臉上每吋肌膚。

由於母親是東北地方的人，所以肌膚天生就很白皙、細嫩。相較之下，雖然父親同樣也是東北地方的人，膚色卻顯得黝黑。洗臉時不但不用肥皂，也只是用水唰地沖洗。所以小時候我總認為，父親之所以這麼黑，應該是沒有好好洗臉的原故（笑）。

長大後我成為皮膚科醫師，這時母親的肌膚已經布滿皺紋，但

父親卻還是維持沒有任何斑點及皺紋的光滑肌膚。這是確實發生在我身邊「清潔過度」和「只用清水洗臉」的兩個極端範本。

清潔過度會使得肌膚粗糙

小時候，我深信母親的方法才是正確，所以也一直用這樣的方式洗臉。當時，並沒有覺得什麼問題，直到高中時加入登山社，有了幾次在山裡過夜的經驗，發現「雖然在山裡不能洗臉，可是臉也沒有什麼問題，難道真的不用那麼認真洗臉嗎？」

上大學後，開始買化妝品，也開始頻繁化妝，專櫃小姐也會推薦我各種產品。每次在朋友聚會的場合，彼此也會熱烈分享使用心得，興起我不斷嘗試的好奇心。可是我明顯感覺到，每次只要一努力卸妝、洗臉，狀況馬上就會變差。

比方說，想趁著洗澡時一併洗臉，洗完澡後就會覺得臉部特別

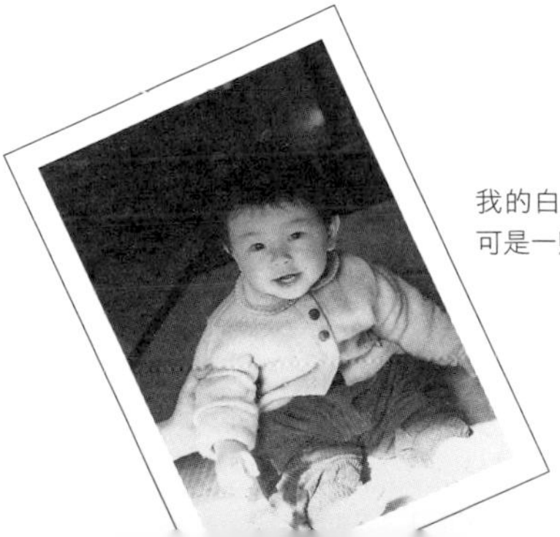

我的白皙膚質遺傳自母親，可是一照到紫外線就會泛紅。

緊繃。後來，我試著改成洗完澡後再洗臉，狀況竟然逐漸好轉。所以，我決定不要再用熱水，因而開始實踐「只用清水洗臉」，就這麼持續了三十年。

從推崇小麥肌到徹底防曬

對我來說，「預防紫外線」這件事，早在尚未懂事前就已經開始了，因為我從小對陽光過敏，只要長時間待在海邊，或是參加遠足、運動會等要在戶外待上整天的活動，隔天一定癱在床上。雖然現在大家都知道紫外線會對肌膚造成某種程度的傷害，可是早在數十年前，還是普遍認為「為了健康，必須多曬太陽」。

我的小學在伊豆（編按：位在本州太平洋側的中部位置），每年暑假作業一定都會出現「去海邊十次以上」這項，但我每次都偷懶。並不是因為我知道紫外線的嚴重性，只是單純因為皮膚發炎會

開始領悟「清水洗臉」的效果是在大學時代，雖然後來有陣子改用標榜「深層清潔毛孔髒汙」的潔顏產品，但終究還是覺得「只用清水洗臉」最好。

很痛，所以討厭曬太陽的原故。

日常生活也一樣，夏天時，我會盡量躲到沒有太陽的地方，或是戴著帽子，隨時隨地做好防曬。

就算在無法洗臉的山裡，也要擦防曬乳

高中時，我參加學校的登山社。那時候的防曬產品，雖然都會在皮膚上留下白色的擦拭痕跡，但我還是會偷偷擦上。大學時，我加入田徑隊，防曬工作更是不可馬虎，全身上下都要做好防曬。但儘管如此，陽光還是會穿透白色運動衣，在背上留下內衣的曬痕。於是我知道，原來白色衣物不能防曬，所以我開始改穿有顏色的運動服。雖然現在大家都知道，「除了臉部，脖子、身體也要擦防曬」、「黑色衣物才能避免陽光傷害」，但早期這些知識都只能靠著經驗去獲取。

順帶一提，或許大家認為防曬產品一定要擦在剛洗完臉的臉上；其實，也可以擦在已經上完妝的臉上喔！這讓我的很多患者都不敢相信：「真的嗎！但這樣不是會傷害肌膚嗎？」這時，我會笑著回答：「當然囉！三十年來我都是這麼做的。」

因貧血、營養不均導致肌膚脆弱的住院醫師時期

在我剛當上醫師，開始在附屬醫院工作的那段時期，日子過得相當忙碌。常常一工作起來，就忘記吃飯，等到回到家後，又因為太累，連吃飯都覺得麻煩。現在回想起來，那段時間的營養控管還真是失敗。

而且，不知道是不是因為作息不正常的關係，每個月總得飽受經痛及貧血之苦。再加上我的經血排量相當多，終究讓我支撐不住，在三十多歲時病倒。

大學時代我加入了學校田徑隊。在穿著短袖、短褲的夏季，只要一有空檔，我就會趕緊補擦防曬產品。

在我病倒前，為了控制貧血，我會自己注射鐵劑，但還是逃不過三次子宮內膜症的手術。於是，我開始深切反省自己的作息。

醫院裡，和我年紀相仿的女性，常常為了不想增加同事負擔，擔心自己一旦休息就會增加同事工作量，而選擇將自己的健康擺在一旁。但無論如何，規律吃飯、適度休息是絕對不能輕忽的。從那之後，我就特別注重自己的健康，不僅會三餐好好吃飯，也會盡可能自己下廚、熬煮湯頭。果然，還是自己煮的湯頭最美味！

因為飲食習慣的改善，讓我一生擁有美麗肌膚

現在回想起來，似乎我身體狀況最差的時候，也是肌膚狀況最糟的時候。過去，我曾因為花粉症導致肌膚發炎，連帶手部也變得粗糙。一旦到了這種地步，那麼不管擦多少護手霜都沒有用。

雖然最嚴重時，我會擦類固醇來消炎，但不用多久就會再度復

發，完全無法根治。

儘管我們能從外在施予治療，可是如果身體本身狀況不佳，也不利於健康肌膚的生成。這點可以從我過往看診經驗中得到驗證。一些因為忙碌而長期睡眠不足的人，或是對飲食內容、習慣毫不在意的人，最容易惡化。即使接受治療，效果也不易顯現。

有個實際案例。一位長期治療異位性皮膚炎的患者，後來調整自己的就寢時間，要求自己必須在每天晚上十點以前睡覺，沒想到病情就這麼自動好轉。而我是早在十幾年前就已經開始調整飲食習慣，所以現在不但每天活力充沛，就連難纏的花粉症及手部粗糙困擾，也都一併獲得解決。

想要擁有美麗肌膚，必須體內、體外同時調理。透過均衡的飲食來打造體內環境；利用正確的清潔、保養方法來做好體外防禦。只要留意這兩點，相信不管到了幾歲，還是可以擁有健康、令人稱羨的美肌的。

我也時常下廚做菜，招待前來拜訪的友人。
與其戒除酒類或油膩食物，我更注重營養的均衡。

我的「一生美肌」作息

某一天 One day...

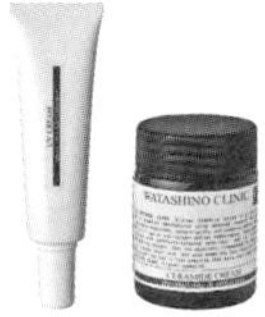

07：00	起床	起床就立即「清水洗臉」，做好保溼。而且，必須在早餐前擦上防曬乳。
07：30	早餐	早餐是一天活力來源，千萬不可敷衍。一般時候，我只會畫眉毛及唇妝，不會特別鋪粉底和腮紅。
09：30	到診所	看診前先喝水、擦乳霜，做好保溼工作，再套上脖圍及腳襪保暖。
13：30	午休	吃些不會造成身體負擔的簡單食物，再一次進行肌膚保溼。如果需要外出，必須補充防曬乳。
14：00	下午診療	工作空檔，會再加強容易乾燥部位的保溼。同時，也要記得補充水分。
20：00	診療結束 處理完診所事務後，回家。	
22：00	晚餐	無論多晚，都只吃自己煮的熱騰騰食物。
23：30	洗澡	不卸妝，而是擦乳霜、做好保溼後再去洗澡。
24：00	洗澡完	吹乾頭髮後才卸妝。之後，再次進行保溼。
26：00	就寢	在枕頭旁放瓶乳霜，如果半夜醒來，覺得肌膚乾燥，方便隨時補充。

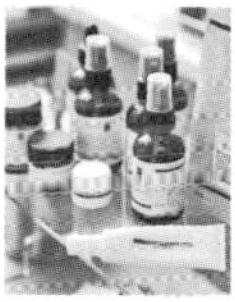

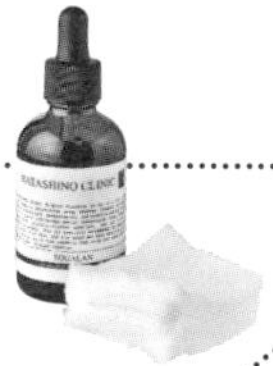

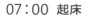

平田醫師打造一生美肌的日常習慣

下面就來和大家分享我的美肌習慣！包括從早到晚的美膚方法、偏好的保養品、飲食、隨身小物等，這些都是我每天確實力行的保養原則，不妨參考看看！

洗臉・卸妝

早上起床後，就只用「清水洗臉」。雖說是「洗臉」，但並不是真的「搓洗」，而是以「潑洗」方式，沖去臉上的汙垢。這麼做不僅有助美肌，也不花時間，相當適合忙碌的早晨。而且，因為沒有使用潔顏產品，所以也不用擔心會有清潔不當的殘留問題。

晚上卸妝時，則是將沾了卸妝油的化妝棉，以極為輕柔的方式，滑過臉上彩妝，再用清水將浮出的髒汙沖掉即可。我的洗臉方法真的相當簡單，完全不費時、費工，也不會傷害肌膚，大家不妨試試。

洗臉方法

首先，用雙手盛滿清水，輕柔地潑洗臉龐。但手不需要直接碰觸肌膚，只要輕輕潑水，就能沖去臉上的汙垢。

卸妝

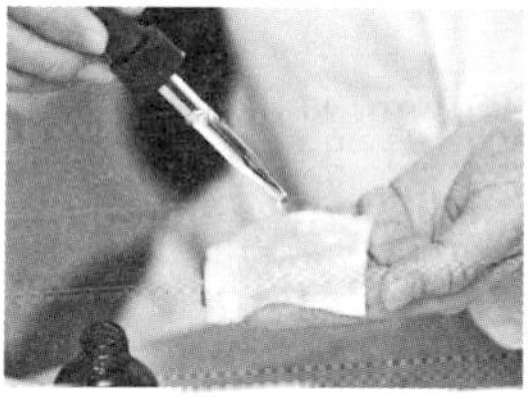

先在化妝棉上滴3～5滴深海魚油製的卸妝油，再開始進行卸妝。

卸妝時，只要將化妝棉輕輕滑過臉龐，彩妝就會浮起。待卸妝油布滿全臉後，如同早晨的清洗方式，只要以清水潑洗，卸妝、洗臉就已經完成。

偏好產品

我個人偏好選用百分之百深海魚油製的保溼卸妝油※。這款卸妝油雖然不含洗滌成分，卻可以讓油性粉妝和睫毛膏浮起，輕易去除。

化妝棉的品牌不限，但我個人喜歡選擇質地蓬鬆、未經壓縮的化妝棉。目前我使用的是「CS-being cotton special」。

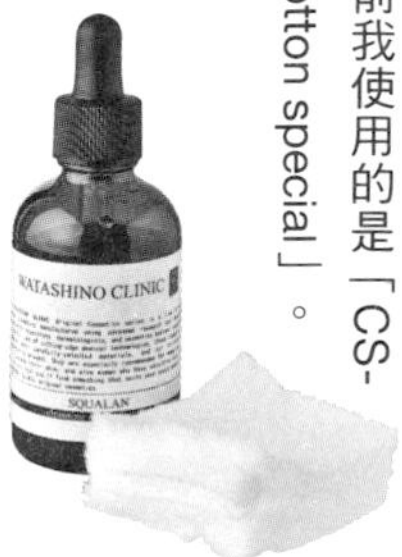

只要以潑洗方式，輕輕沖洗即可。千萬不要摩擦。雙手盡可能不要碰觸肌膚。

※深海魚油製的保溼卸妝油是我診所為了協助求診患者而研發出的產品，市面上並無販售。

保溼

我的保溼方法很簡單，只有一瓶乳霜而已，但我會增加「擦拭次數」，以取代瓶瓶罐罐的保養。除了洗完臉後一定得擦保溼之外，每隔2～3小時也要補擦一次。此外，白天也必須做好防曬工作，所以我會選擇具保溼效果的防曬乳。但不管擦什麼，最重要的，就是不要磨擦肌膚。只要以指腹微量沾取，再輕輕放到臉上就可以了。「在乾燥之前補擦」才是重點。

乳霜的擦法

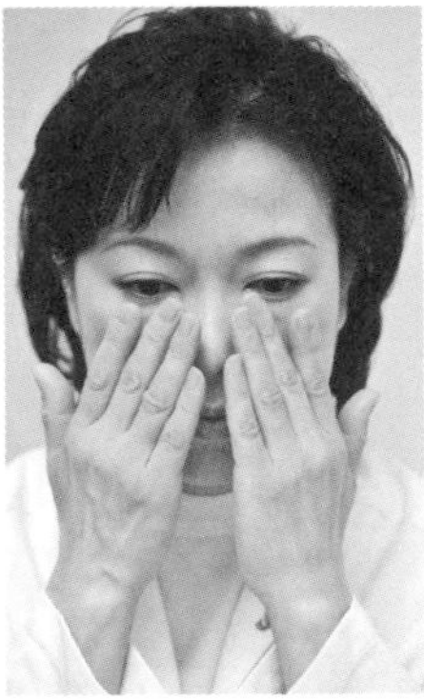

如果直接將乳霜點在臉上再塗開，一定會摩擦肌膚，也無法擦得均勻。所以首先，請取適量乳液放在手心，利用掌心溫度推開後，再像蓋章一樣，由臉部中心慢慢以按壓方式，向外按開。

重複擦拭

由於眼下部位皮脂分泌較少，容易乾燥，所以我習慣全臉擦完乳霜後，再特別加強這個部位。即便是在白天看診時間，我也會利用空檔補擦。雖然平常我不上妝，但即使上妝，也可以參照前述方式，將乳霜放在手心，利用掌溫均勻推開後，再以按壓方式，輕輕放到臉上，這樣也能避免妝容脫落。

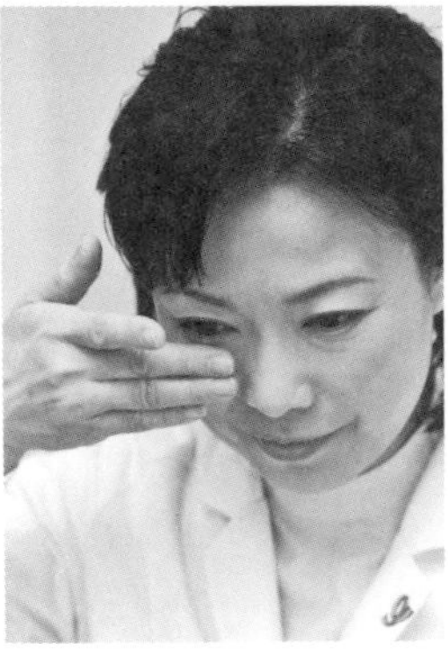

偏好產品

因為工作關係，有時我必須嘗試新推出的化妝品。但基本上，我的保溼工作只靠一瓶乳霜就能完成。在家時，我會用美容診所專為患者研發出的神經醯胺乳霜（右側右圖；市面並無販售）；皮包裡則會隨身攜帶不占體積且輕巧的管狀乳液。ARSOA的「AMUNY-AP SKIN COAT」（右側左圖）非常濃稠，可在肌膚表層形成強力膜，即使敏感膚質的人也可以安心使用。

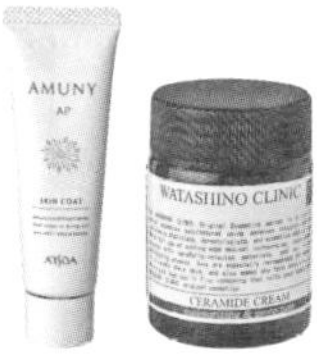

洗澡前後

浴室是導致肌膚乾燥的危險地帶。洗澡前後，請確實做好保溼。

洗頭時，熱水難免會流到臉上，而且浴室裡的蒸氣也會帶走肌膚表層油脂，所以千萬不要在洗澡前卸妝，反倒必須補充乳霜，以免肌膚變得乾燥。洗頭後、吹頭髮前，必須再次擦上乳霜。為了不讓熱風直接吹到臉上，請由後向前吹。全部完成後，才進行卸妝，保溼，這樣才算完成。

補充水分

肌膚裡的水分是由體內供給，為了不讓體內缺水，請每三十分鐘補充一次水分。如果感到口渴，「Amino Value」（右側左圖）等運動飲料會比水更容易滲透到體內。但真的非常口渴時，我會喝大塚製藥的「OS-1」（右側右圖），這是給一些因感冒、腹瀉而引發脫水的人喝的，在一些設有藥劑師的藥局裡都買得到。

洗完臉後要立即保溼。先將乳液放在手心，利用掌溫均勻推開後，再輕輕放到臉上。

防曬

想要預防老化，「阻絕紫外線」非常重要。無論天雨、天晴，一年三百六十五天，我沒有一天不做防曬。從早晨睜開眼睛到太陽下山，都靠防曬工作來保護肌膚。但無論SPF值（編按：Sun Protection Factor，是針對紫外線UVB所設計的衡量標準）或PA值（編按：Protection Grade of UVA，是日本化妝品公會針對紫外線UVA所訂定的防曬係數）多高的防曬乳，只要經過三小時，效果就會降低，所以至少要在中午休息時補擦一次。如果中午會外出用餐，也請撐傘做好雙重保護。

使用分量

防曬產品的使用量須視產品而定。如果是左頁介紹的產品，那麼只需兩顆珍珠大小的量，就足以擦拭全臉。

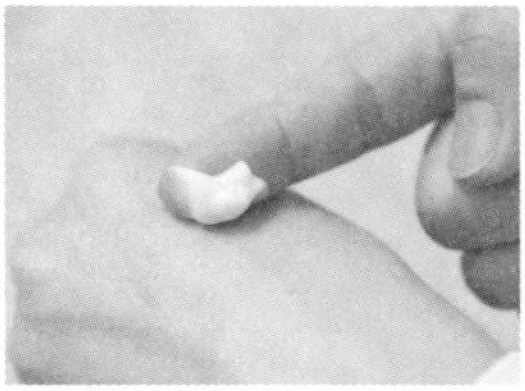

因為產品中也含有保溼效果，所以肌膚乾燥時，可以多擦一些。擦完臉後，可以再取少量擦在脖子和耳朵。其中，下顎及耳朵內側特別容易讓人忽略，所以擦拭時請務必多加留意。

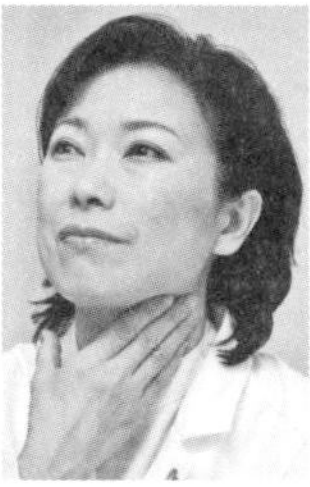

擦拭方法

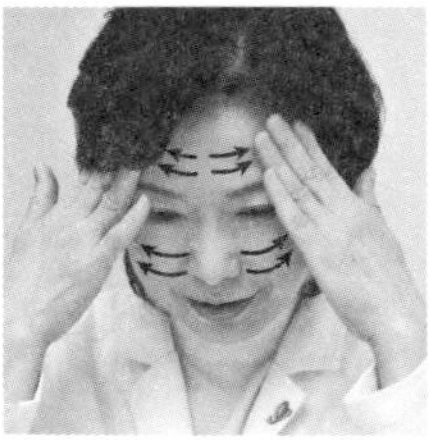

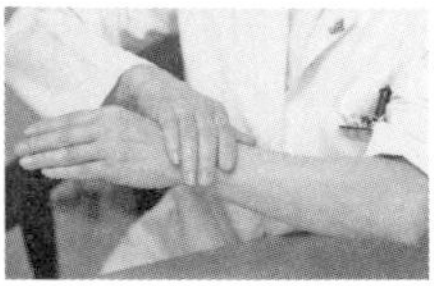

基本上，防曬產品的擦拭方法和保溼乳霜一樣。首先，請取適量在手心，利用掌溫均勻推開後，再以類似蓋章的方式，輕柔按壓全臉即可。此外，肌膚表面有個形似榻榻米的紋理，我們稱為「皮膚割線」。如果順著割線擦拭，不僅比較容易吸收，也比較不易流失。臉部請由中間往耳朵方向擦拭；手臂及腿部則請橫向擦拭。

護手

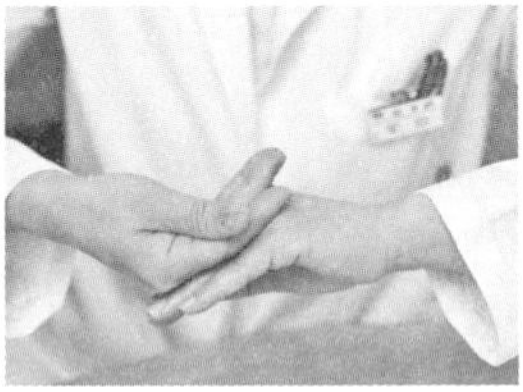

由於我們手背經常曝曬在陽光下，導致斑點及皺紋生成，但偏偏手背又很容易讓人看見，所以我也會勤做保溼，隨時補擦護手霜。但工作時，如果擦在手心，容易把周圍東西都沾得油膩膩，所以我會手背對著手背擦拭。當然，指甲也不能忽略。

偏好產品

平常我習慣用診所的「Day Care Cream」（左側左圖，市面上並無販售）。但如果想要帶點妝感的話，就會選擇具潤色功效的UV Cream（左側右圖）。LA ROCHE-POSAY的「UVIDEA XL TINTED」在皮膚科及藥局皆有販售。

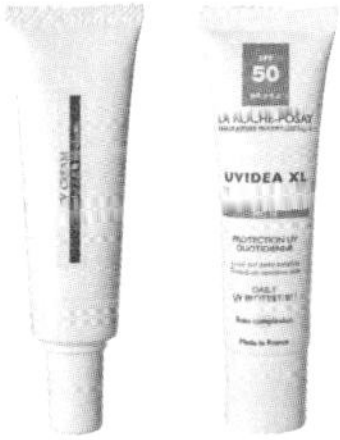

不出門的日子也要做好防曬

休假時，早上起床後，不洗臉便直接擦防曬乳。

早上起床後立即擦防曬乳是我的習慣，甚至在不需出門的休假日裡，我還會省略洗臉這個步驟，直接擦上防曬後就開始晾衣服、做家事。但晾衣服時，我不會乖乖在室外一件件晾上，而會在室內，先用衣架將衣服掛好，再一起拿出去。這麼一來，就可將照射紫外線的時間縮減至最低。

想要預防斑點生成，或是避免斑點加深，就絕對不能曬太陽！方法很簡單，只要勤擦防曬乳就可有效避免，千萬不可偷懶！

飲食

儘管工作再忙碌，我還是會盡可能每天自己下廚。食材方面，我會利用「保育大地協會」的宅配服務，購買各地有機蔬食。為了可以讓身體自行製造美肌，還必須攝取蛋白質和黃綠葉蔬菜。但如果想再提高營養價值，也可以適量補充保健食品。

不過話雖如此，我不會給自己訂下「不可以吃○○」、「一天一定要吃○○多少以上」這樣嚴苛的規定，還是會有外食的機會。如果營養不均或是吃太多的話，也只要在三天內調整回來就可以了。

早餐

對我來說，早餐是一天活力的來源。愈是忙碌，就愈想為了鼓舞自己而吃下充滿能量的一餐。這時，村上鱉本舖的「鱉湯」就是很好的選擇。料理方法很簡單，只要將湯倒進鍋裡，加入米飯、蔬菜加熱後，就可立即享用。如果再放入薑的話，更會讓整個身體都暖起來。這道湯品真的能帶給人活力，非常適合前晚熬夜或腸胃不適的人。由於保存方便，所以在我家裡一定都會準備。

溫熱食材

「維持體內溫暖」就是很好的保健方法。不僅可以提高酵素的活動力，還能加快代謝速度。如此一來，攝取的食物就能充分被消化、吸收，提高新的肌膚細胞增生能力。所以做菜時，我會盡量使用蔥、薑等佐料，以及肉桂、肉豆蔻等辛香料、堅果類等。

自製湯頭

我習慣自己熬煮湯頭，而且一次做很多，再分成數小包放到冷凍庫保存。每次大約可以煮1～2週的分量，其實還滿方便的。而且，自己熬煮的湯頭真的特別好喝，只要嘗試過一次，一定不會想再買快速的即溶湯。我最常做的，是和風湯頭，但有時也會用雞骨頭或牛尾來熬湯。

蔬菜料理

雖然我也會吃魚吃肉，但基本上，餐桌上的菜色約有七成是蔬菜。不管煮什麼料理，「放入大量蔬菜」就是我的烹調原則。照片裡的這道菜，是我家人愛吃、時常要求我做的豬肉味增湯，我會在湯裡放進很多根莖蔬菜。此外，像番茄、小黃瓜等涼性食物，我也會加熱後再吃。

保健食品

雖然我會盡可能從飲食中來維持營養均衡，但也會搭配保健食品。比方說，自然美的「螺旋藻」是將某種藻類做成藥片；持田製藥的「青汁若葉」則是將大麥的嫩葉磨成粉。兩者不但富含蛋白質、維他命、礦物質，還能同時攝取食物纖維，所以我也相當推薦給有便祕困擾的人。

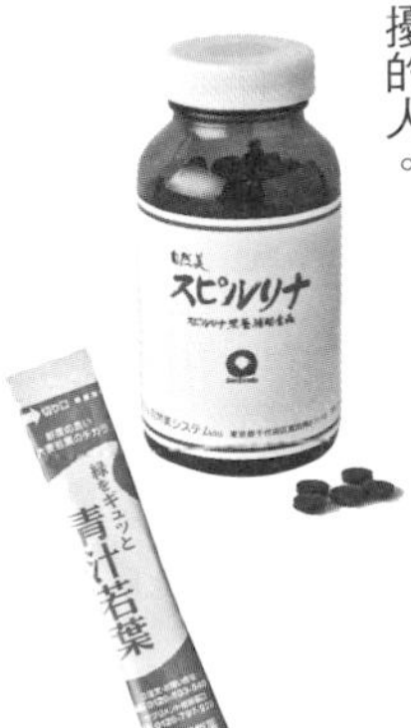

過去只要肌膚一出狀況，就會立即擦藥。但如果不從飲食生活調整，肌膚問題是永遠不會改善的。

日常生活

生活中，做好「保溼」及「保養」相當重要。尤其是每天要待八小時以上的工作場所，我會特別用加溼器，將溼度設定在六十%，並控制室內溫度，以維持環境的舒適。此外，由於看診時只能一直坐著，容易造成血液循環不順，所以我會穿具溫熱效果的暖腳套，並在衣服底下放暖暖包，盡可能維持血液良好循環，會用各種方法，讓身體保持在溫暖狀態。

按摩

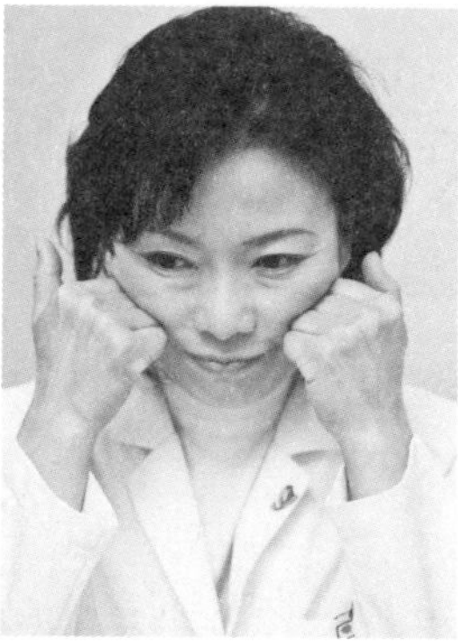

我會趁著工作空檔，按摩臉部僵硬、緊繃的肌肉。尤其是幫助咀嚼的「咬肌」，很容易在集中精神時，因牙齒不自覺地緊咬，而變得僵硬。想要放鬆發達的咬肌，首先請雙手握拳，掌心朝內抵住兩側咬肌，接著再順勢緩緩上推即可。不用擔心，這個動作並不會傷害到肌膚，而且隨時隨地都能進行。

此外，我也想推薦「頭皮」按摩。一些長期使用電腦導致眼睛酸痛，或處在壓力下的人，頭皮會逐漸變得僵硬，影響血液循環。其實，頭皮與臉部肌膚是相連的，如果能時常加強頭皮的血液循環，讓頭皮舒展，對臉部肌膚的拉提也很有效果。做法就如同洗頭一樣，利用指腹及拇指根部稍為施力按揉即可。

防寒對策

由於我們時常待在冷氣房內，即便夏天，保暖工作還是不可少。特別是冷空氣容易滯留在腳底部位，所以我整年都會穿有遠紅外線效果的「IONDOCTOR」暖腳襪（圖片a）。我個人非常愛用這家產品，除了暖腳襪外，也會使用暖脖圍。要是遇到參加學會等，必須坐上一整天的日子，我還會用可大範圍溫暖肩、腰的暖暖包（圖片b）。此外，睡覺時我也會在脖子圍上棉質圍巾（圖片c），不僅可以保暖，還能吸汗。

總之，不要讓身體處在「冷」的狀態。全身上下可以冷的地方，只限於肌膚表面而已！

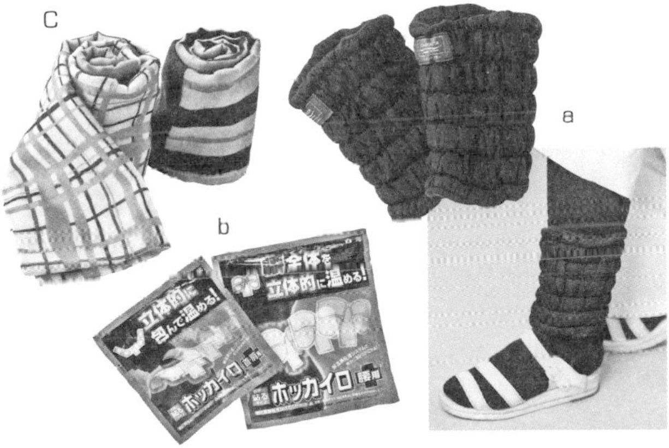

健康管理

偶爾可以放縱一下，但要在三天內調整回來。

為了美容，有人會說：「必須在晚上十點以前上床睡覺」，或是「睡前三小時不要吃東西」等，但要完全遵守這些規則是不可能的。而且我覺得，就算睡前吃很多，或是在和朋友開心聚會的場合大肆吃喝等，也是放鬆心情的一種方式。雖然對身體不是很好，但也不要過度苛責自己，只要隔天開始少吃一點，或做些補救，告訴自己要在三天之內調整回來就沒問題。

附錄

你的肌膚年齡和實際年齡相比↗？↘？

檢測肌膚年齡

你的肌膚年齡幾歲？
在開始「只用清水洗臉」前，請先進行一次檢測，
持續兩周後，請再次進行檢測，
你一定會驚訝地發現，肌膚變得年輕許多！

check! 乾燥程度

check! 壓力程度

check! 體內環境

check! 荷爾蒙平衡度

check! DNA受損程度

check! 護膚習慣

這是一套從每日生活習慣、保養常識來檢測肌膚年齡的測驗。方法很簡單！只要根據「乾燥程度」、「壓力程度」、「體內環境」、「荷爾蒙平衡度」、「DNA受損程度」、「護膚習慣」這六個項目，就能測出你的肌膚年齡。

首先，在第一〇三頁～第一〇五頁所列題目中，若有符合自身狀況者，請打勾。完成後，再將★、〇等符號數量，填寫在第一〇七頁表格。得出數字後，最後參考第一〇六頁就能算出自己的肌膚年齡。

check 乾燥程度

乾燥是肌膚老化的元凶！不僅會降低防禦機能，還會破壞健康肌膚細胞的作用。那麼，你的肌膚乾燥程度又是如何呢？

□ △……手指滑過肌膚，感覺光滑水嫩。
□ ★……起床後，床單和枕套的印痕要很久才會消失。
□ ▲……洗澡後，肌膚乾癢。
□ ●……近來細紋明顯變多。
□ ▲……毛孔比以前明顯。
□ ☆……外表看起來比實際年齡年輕。

check 壓力程度

長期處在壓力下，不僅荷爾蒙容易失去平衡，肌膚也會頻出狀況。下面就來檢測一下自己的身心壓力程度吧！

□ ○……有跑步或拉筋等運動習慣。
□ ★……經常感到壓力或情緒莫名暴躁。
□ ☆……有熱衷的興趣或工作。
□ ★★……抽菸。
□ △……目前正開心地談戀愛。
□ ▲……時常待在冷、暖氣房裡。

check

體內環境

肌膚就像一面反應身體健康狀況的鏡子。身體好壞會視每日飲食內容而定。下面就請大家檢查自己的每日飲食習慣吧！

□○……每天喝一·五公升以上的水。

□▲……經常吃點心、冰品等甜食。

□△……盡可能自己下廚，多攝取蔬菜。

□▲……時常喝咖啡、紅茶和甜的碳酸飲料。

□●……一週內有三天以上喝酒。

□★……反覆減肥，甚至有時減肥過度。

check

荷爾蒙平衡度

女性的身體會因為荷爾蒙變化（如生理週期）而有所改變。而且，從青春期、成熟期到更年期，每個階段都不相同。換句話說，很多因素都會造成荷爾蒙分泌不平衡。

□●……容易肩頸酸痛、水腫。

□▲……手腳冰冷。

□▲……有生理不順、經前症候群（PMS）、生理痛等困擾。

□☆……每天睡七～八個小時。

□○……不太長青春痘或成人痘。

□●……會因為溫度變化而感到臉頰發熱、發紅。

check

DNA受損程度

檢視因紫外線照射造成的肌膚受損程度。照射的紫外線量愈多，肌膚受損的程度就愈大。但除了紫外線外，肌膚也會因為當下狀況、保養程度，反應出不同程度的影響。

- □●……肌膚只要照到紫外線，就會感到刺痛、發紅。
- □●……黑斑、雀斑明顯。
- □▲……膚色明顯不均，或是痘疤明顯。
- □★……過去曾積極、頻繁地曬太陽。
- □△……冬天和陰天也會防曬。
- □▲……經常素肌（沒有擦防曬和粉底）度日。

check

護膚習慣

檢視每日的護膚習慣是否正確。因為，可能有些自認為正確的方式，卻是造成肌膚傷害的元凶。

- □▲……先將洗面乳搓揉至起泡，按摩後，再以溫水沖洗。
- □●……有時沒卸妝就直接睡覺。
- □△……粉撲會經常更換。
- □▲……白天幾乎不補妝。
- □★……每天都做雙重洗臉。
- □●……不喜歡乳霜或感覺油膩的產品。
- □●……時常以蒸臉器或熱毛巾敷臉，讓肌膚受熱。

Let's try!

肌膚年齡的計算方法

❶將第一〇三頁～第一〇五頁的勾選結果，填在左頁表格中。★★以兩個計。

❷計算各種符號的加總結果。

❸將各種符號加總後的數字，乘以表格中的指定數字。完成後，再加總a～f。

❹將你的實際年齡加上❸的數字，得出結果就是你的肌膚年齡。

← 那麼，你的肌膚年齡幾歲呢？

如果得出結果，發現「肌膚年齡」高於「實際年齡」的話，代表你的保養方法及生活習慣有待改善。但如果結果正好相反，恭喜你，也請將這個測驗作為鼓勵自己持續下去的動力。只要保養方法正確，不管實際年齡幾歲，都能讓肌膚永遠維持在健康、美麗的狀態。第一〇八頁開始，我們會針對檢測出的肌膚年齡，提供具體建議。現在起，就請實踐「清水洗臉，一生美肌」吧！

……根據肌膚年齡給予的建議，請參考第一〇八頁～第一〇九頁。

……根據項目給予的建議，請參考第一一〇頁～第一一一頁。

※測驗出的肌膚年齡為大致推測值。
※這是針對30～49歲女性所做的測驗。

	☆符號	△符號	○符號	★符號	▲符號	●符號
乾燥程度	個	個	個	個	個	個
壓力程度	個	個	個	個	個	個
體內環境	個	個	個	個	個	個
荷爾蒙平衡度	個	個	個	個	個	個
DNA受損度程	個	個	個	個	個	個
護膚習慣	個	個	個	個	個	個
符號加總	☆合計 個	△合計 個	○合計 個	★合計 個	▲合計 個	●合計 個
將加總後的符號，乘以指定數字	× −4 = −	× −3 = −	× −2 = −	×4 =	×3 =	×2 =
	a	b	c	d	e	f

實際年齡 歲 ＋ a～f總計 * ＝ 肌膚年齡 歲

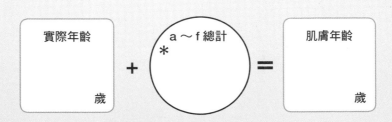

Young or Old?

根據肌膚年齡給予建議

你的肌膚年齡與實際年齡相差幾歲呢？
前頁「＊」符號中的數字（a～f的加總），代表肌膚年齡和實際年齡的差距。

-16歲以下

年輕的美麗肌膚！請永遠維持下去！

擁有Q彈美肌的你，是否常被讚美：「外表看起來比實際年齡年輕」呢？恭喜你，也請務必繼續保持。除了實踐「只用清水洗臉」外，如果有任何疑問，請參閱「美肌保養Q＆A」來尋求解答。美肌，將是你一生的財產。

check!
請參閱第七六頁～第八二頁的「美肌保養Q＆A」。

0～-15歲

肌膚狀況良好！但可進一步追求美肌！

你擁有比實際年齡年輕的健康美肌，這應該歸功於每日督促自己做好防曬及保溼的原故吧！但如果想讓得來不易的美肌變得更加有光澤的話，請再次檢視自己的飲食習慣及生活作息。不妨參考我每日的實踐項目，如果有可以模仿的地方，就請盡量模仿吧！

check!
請參閱第九二頁～第一〇一頁的「平田醫師打造一生美肌的日常習慣」。

對保養方法存有認知錯誤！請改變保養重點吧！

相信你也會努力做些自認為對美肌有幫助的事，但不知為什麼，肌膚看起來還是稍嫌沒有活力，真的很可惜。你認為自己的「洗臉方式」、「保溼」、「防曬」對嗎？請再次確認清潔、保養的大原則，改變認知錯誤的地方。只要有所改善，一定立即就能變成美肌。

check!

請參閱第六八頁～第六九頁的「擁有一生美肌的大原則」。

保養習慣中，存在根本上的錯誤！

你是否曾有過「反正再怎麼努力，肌膚也不會變好」這樣的念頭而想放棄呢？彈力、透亮、光澤……這些用來決定肌膚年齡的要素，其實是要靠每日保養來完成的。儘管眼前的肌膚缺少活力，但只要以正確的保養方式持續兩週以上，一定能擁有健康美肌的。所以，就請檢視自己早、中、晚的保養方法吧！

check!

請參閱第七〇頁～第七五頁的「擁有一生美肌 早・中・晚」。

肌膚嚴重受損！請立即改變目前保養方法！

由於錯誤的保養方法及不當的生活習慣，讓你的肌膚受到極大傷害，使得肌膚原有的防禦能力已經消失殆盡，所以看起來也會比實際年齡蒼老許多。想想看，你是否除了有斑點、皺紋明顯的困擾外，也有妝容不易服貼、無法遮瑕的困擾呢？現在開始，就請改掉會提高肌膚年齡的壞習慣吧！

check!

請參閱第六四頁～第六五頁的「美肌十惡」。

Daily Advice

根據項目給予建議

在第一〇七頁的表格中，
你得到的最多符號★▲●是哪個呢？
下列，我們就來逐一說明各項目的改善重點吧！

乾燥程度

勾選★▲●三個以上的人

對抗老化，就從保溼開始！

目前你的肌膚已經處在非常乾燥的狀態，如果想阻止惡化下去，「改變洗臉方式」非常重要！所以，請立即實踐「只用清水洗臉」，只要持續一週，就能明顯看到效果。一旦肌膚的保溼度提升，鬆弛及毛孔粗大等困擾也能獲得改善。

壓力程度

勾選★▲三個以上的人

透過保溼&改變飲食習慣來保護肌膚

工作、人際可能為你帶來身心壓力、脾氣暴躁難耐。但這些原因都是我們無法改變的，所以更應該注重營養的攝取，均衡飲食，加強保溼，積極保護自己的肌膚與身體。此外，抽菸會加速肌膚老化，所以一定要戒菸。

體內環境

勾選★▲●三個以上的人

注意飲食，務必攝取蛋白質及蔬菜

你是否三餐不正常，卻愛吃甜食或餅乾？你是否為了瘦身，只吃低卡路里的食物？其實，想要製造美肌，關鍵在每日飲食。尤其，隨著年齡增長，你的飲食習慣，會直接透過肌膚顯現出來。所以，請正視自己的飲食習慣，一天中起碼要有一餐好好吃。

荷爾蒙平衡度

勾選▲●三個以上的人

首先要避免身體受寒！

導致荷爾蒙失調的原因很多，像是壓力的累積、睡眠不足，或是偏食習慣等。但想要改善並不難，最簡單的方法，就是保持身體溫暖，讓血液維持在良好的循環狀態。可是，如果是在生理方面有困擾的人，還是要到婦產科接受專業診斷。

DNA受損程度

勾選★▲●三個以上的人

防止肌膚老化的關鍵在防曬！

如果你對曝曬在陽光下並不在意，認為「只是曬一下，沒有什麼關係」的話，小心！長期累積下來，是會加速肌膚老化的。舉例來說，人的臉部和臀部，照理應該同樣白嫩，但為什麼實際上並非如此呢？所以，請養成不分晴雨，每日防曬的習慣吧！

護膚習慣

勾選★▲●三個以上的人

立刻停止過度清潔、避免肌膚過度受熱！

「溫水洗臉」、「雙重洗臉」都會造成肌膚老化！如果你沒有時間保養，或是懶得保養，就請參考第七〇頁「擁有一生美肌 早·中·晚」的內容，開始實踐預防肌膚老化的洗臉方法及保溼方法吧！不僅簡單且毫不費時，長期持續並不困難。

清水洗臉，讓肌膚找回原有防禦能力

「肌膚」是最近距離守護我們的朋友，不僅可以發揮超強防禦能力來抵抗外來刺激，還能保護身體免受傷害。

比方說，天冷時，肌膚表面之所以會起雞皮疙瘩，是為了不讓溫度流失，所以毛孔緊急關閉；身體之所以會打冷顫，是為了讓皮膚表面發熱，溫暖身體。

此外，有時肌膚會出現部分發熱的情況，這時很有可能是因為內部臟器或組織發炎，為了抑制症狀，所以肌膚努力讓體內的熱散發出來。像是蕁麻疹、青春痘、乾燥引起的肌膚問題等，就是肌膚透露身體狀況的表現。

身為皮膚科醫生，我們可以見到各種身體狀況患者的膚質，彷彿是在正式接受檢查前，肌膚就已經迫不及待想向我們申訴。所以有時尚未等到驗血結果，光憑患者肌膚，就已經能推測出可能的病症，或是患者的生活習慣。像是因為部分膚色看起來灰灰的，所以就猜想眼前患者可能有抽菸的嗜好。

就像這樣，肌膚會發揮原有的防禦能力，奮勇地守護全身，但如果我們還用錯誤的保養方式來破壞它的話，真的相當可惜。所以從現在開始，就請「只用清水洗臉」，讓肌膚重新恢復原有的能力吧！

肌膚是擁有強大防禦能力、可以自己保護自己的器官。而我們所需做的，只是把這原有的能力找回來，如此一來，肌膚自然就能散發美麗光澤。

平田雅子

Beautiful Life 71

清水洗臉，一生美肌：看診突破百萬人次的日本皮膚科名醫教你破除保養迷思，4步驟輕鬆抗老，7天再現Q彈水嫩肌！【暢銷新版】

水だけ洗顔で、一生美肌！

作　　者／平田雅子
譯　　者／林佳翰
責任編輯／魏秀容、韋孟岑
版　　權／黃淑敏、翁靜如、邱珮芸
行銷業務／莊英傑、黃崇華、周佑潔
總 編 輯／何宜珍
總 經 理／彭之琬
事業群總經理／黃淑貞
發 行 人／何飛鵬
法律顧問／元禾法律事務所　王子文律師
出　　版／商周出版
臺北市中山區民生東路二段141號9樓
電話：(02) 2500-7008　傳眞：(02) 2500-7759
E-mail：bwp.service@cite.com.tw　Blog：http://bwp25007008.pixnet.net./blog
發　　行／英屬蓋曼群島商家庭傳媒股份有限公司城邦分公司
台北市104中山區民生東路二段141號2樓
書虫客服專線：(02)2500-7718、2500-7719
服務時間：週一至週五上午09:30-12:00；下午13:30-17:00
24小時傳眞專線：(02)2500-1990；2500-1991
劃撥帳號：19863813　戶名：書虫股份有限公司
讀者服務信箱：service@readingclub.com.tw　城邦讀書花園：www.cite.com.tw
香港發行所／城邦（香港）出版集團有限公司
香港 灣仔 駱克道193號東超商業中心1樓
電話：(852) 25086231　傳眞：(852) 25789337　E-mailL：hkcite@biznetvigator.com
馬新發行所／城邦(馬新)出版集團【Cité (M) Sdn. Bhd】
41, Jalan Radin Anum, Bandar Baru Sri Petaling,
57000 Kuala Lumpur, Malaysia.
電話：(603)90578822　傳眞：(603)90576622　E-mail：cite@cite.com.my

本文設計／花平和子（久米事務所）
插　　畫／藤田寬子
攝　　影／武井正雄
編　　輯／森田順子

封面設計／蔡惠如
排　　版／浩瀚電腦排版股份有限公司
印　　刷／卡樂彩色製版有限公司
經 銷 商／聯合發行股份有限公司　電話：(02)2917-8022　傳眞：(02)2911-0053

2020年（民109）2月04日二版
定價280元　Printed in Taiwan

ISBN 978-986-477-786-0（平裝）

城邦讀書花園
www.cite.com.tw

MIZUDAKE SENGAN DE ISSHOU BIHADA!

國家圖書館出版品預行編目（CIP）資料
清水洗臉，一生美肌：看診突破百萬人次的日本皮膚科名醫教你破除保養迷思，4步驟輕鬆抗老，7天再現Q彈水嫩肌！【暢銷新版】／平田雅子著； 林佳翰譯 -- 初版. -- 臺北市：商周出版：家庭傳媒城邦分公司發行, 民109.02
120面；14.8x21公分 --（Beautiful Life；71） 譯自：水だけ洗顔で、一生美肌！
ISBN 978-986-477-786-0（平裝） 1.皮膚美容學　425.3　102001880

廣	告	回	函
北區郵政管理登記證			
台北廣字第000791號			
郵資已付，免貼郵票			

104台北市民生東路二段 141 號 2 樓

英屬蓋曼群島商家庭傳媒股份有限公司

城邦分公司

請沿虛線對摺，謝謝！

書號：BB7033　書名：清水洗臉，一生美肌

商周出版

讀者回函卡

謝謝您購買我們出版的書籍！請費心填寫此回函卡，我們將不定期寄上城邦集團最新的出版訊息。

姓名：________________________ 性別：□男 □女

生日：西元________年________月________日

地址：________________________

聯絡電話：________________ 傳真：________________

E-mail：________________________

學歷：□1.小學 □2.國中 □3.高中 □4.大專 □5.研究所以上

職業：□1.學生 □2.軍公教 □3.服務 □4.金融 □5.製造 □6.資訊

□7.傳播 □8.自由業 □9.農漁牧 □10.家管 □11.退休

□12.其他 ________________________

您從何種方式得知本書消息？

□1.書店 □2.網路 □3.報紙 □4.雜誌 □5.廣播 □6.電視

□7.親友推薦 □8.其他________________________

您通常以何種方式購書？

□1.書店 □2.網路 □3.傳真訂購 □4.郵局劃撥 □5.其他________

您喜歡閱讀哪些類別的書籍？

□1.財經商業 □2.自然科學 □3.歷史 □4.法律 □5.文學

□6.休閒旅遊 □7.小說 □8.人物傳記 □9.生活、勵志 □10.其他

對我們的建議：________________________

____

____

____

____

Beautiful Life

Beautiful Life